BEI GRIN MACHT SICH IHR WISSEN BEZAHLT

- Wir veröffentlichen Ihre Hausarbeit, Bachelor- und Masterarbeit

- Ihr eigenes eBook und Buch - weltweit in allen wichtigen Shops

- Verdienen Sie an jedem Verkauf

Jetzt bei www.GRIN.com hochladen und kostenlos publizieren

Manuela Polak

Ermittlung von PID-Parametern einer Frischwasserstation

GRIN Verlag

Bibliografische Information der Deutschen Nationalbibliothek:

Die Deutsche Bibliothek verzeichnet diese Publikation in der Deutschen National-
bibliografie; detaillierte bibliografische Daten sind im Internet über http://dnb.d-
nb.de/ abrufbar.

Impressum:

Copyright © 2014 GRIN Verlag GmbH
Druck und Bindung: Books on Demand GmbH, Norderstedt Germany
ISBN: 978-3-656-60724-3

Dieses Buch bei GRIN:

http://www.grin.com/de/e-book/269597/ermittlung-von-pid-parametern-einer-
frischwasserstation

Hamburger Fern-Hochschule

Studiengang Wirtschaftsingenieurwesen

Projektarbeit zum Hauptpraktikum

„Ermittlung von PID-Parametern einer Frischwasserstation"

Frühjahrsemester 2014

von

Manuela Polak

08.02.2014

Inhaltsverzeichnis

Verzeichnis der Formelzeichen und Abkürzungen

Formelzeichen

e	Regeldifferenz
K_{PR}	Proportionalitätsbeiwert des Reglers
K_{PS}	Proportionalitätsbeiwert der Strecke
s	Sekunde
t	Zeit
T_D	Zeitkonstante eines D-Glieds
T_g	Ausgleichszeit
T_I	Integrierzeit
$T_{kritisch}$	Periodendauer der Schwingung
T_N	Nachstellzeit
T_u	Verzugszeit
T_V	Vorhaltzeit
$\dot{V}$	Volumenstrom
w	Führungsgröße
x	Regelgröße
x_a	Ausgangsgröße
x_e	Eingangsgröße
y	Stellgröße
z	Störgröße
Δ	Kennzeichnung von Größenänderungen

Abkürzungen

VFD	**V**ortex **F**low **D**igitalsensor

Verzeichnis der Abbildungen und Tabellen

1 Einleitung

In der heutigen Zeit, in der die fossilen Brennstoffe immer knapper werden und das Umweltbewusstsein größer wird, gewinnen die erneuerbaren Energien immer mehr an Bedeutung. Dabei gibt es verschiedene Arten von erneuerbaren Energien. Eine davon ist die Solarthermie, bei der die Sonnenenergie für die Wassererwärmung genutzt wird. Die Unternehmen der Solarthermiebranche stehen in einem harten Wettbewerb, um Kunden von ihrem Produkt zu überzeugen. Je komfortabler und effizienter ein Produkt ist, desto größer ist die Wahrscheinlichkeit, dass Kunden sich für das Produkt entscheiden.

1.1 Problemstellung und Ziel der Arbeit

Um den Kunden ein solches Produkt anbieten zu können, wurde ein neuer Frischwasserregler entwickelt, der DeltaSol Fresh®.

Frischwasserregler lösen immer mehr die Standard-Solarregler ab, da bei Frischwasserreglern die Gefahr einer Legionellenbildung reduziert ist.

Standard-Solarregler erwärmen das Speicherwasser, das später direkt vom Kunden benutzt wird. Bei diesem System besteht die Gefahr der Legionellen Vermehrung, da das Speicherwasser für die Legionellen zeitweise optimale Temperaturbedingungen von 25 °C bis 50 °C aufweist. Nur durch regelmäßiges Erhitzen des Speichers über 60 °C werden die Legionellen sicher abgetötet (vgl. LANUV NRW).

Beim Frischwasserregler hingegen kommt das Wasser, das der Kunde benutzt, direkt von den Wasserwerken. Die Wassertemperatur beträgt dabei etwa 16 °C, was für eine Legionellen Vermehrung zu gering ist. Das heiße Wasser, das das Haushaltswasser erwärmt, kommt nicht mit diesem in Berührung.

Des Weiteren haben Frischwasserregler einen geringeren Stromverbrauch als zum Beispiel eine Gastherme und sind effizienter bei der Erwärmung des Haushaltswassers, da diese das Haushaltwasser mit einer geringeren Speichertemperatur erwärmen können als eine Gastherme. Dadurch kann ein Frischwasserregler gut mit erneuerbaren Energien, wie z. B. der Solarthermie kombiniert werden.

Ziel ist es nun, für den Frischwasserregler DeltaSol Fresh® die bestmöglichen P-, I- und D-Anteile zu ermitteln, die für eine gute Regelgüte sorgen. Die Regelung soll an die Bedürfnisse der Kunden angepasst sein, nämlich die Regelgröße schnell auf die Führungsgröße steigen lassen und diese ohne große Schwankungen halten.

1.2 Unternehmensvorstellung

Die RESOL - Elektronische Regelungen GmbH, im folgenden RESOL genannt, wurde 1977 von Rudolf Pfeil gegründet, der auch heute noch das Unternehmen leitet. Von der Einmann-Manufaktur mit einfachen Solarreglern hat sich das Unternehmen hin zu einem mittelständischen Unternehmen mit drei Werken und 130 Mitarbeitern entwickelt. Heute hat das Unternehmen eine breite Produktpalette an Reglern und Zubehör für die Solarthermie und Heizungstechnik. Mehr als drei Millionen RESOL-Produkte sind derzeit in über 60 Ländern im Einsatz.

1.3 Begriffsdefinitionen

Im Weiteren werden Begrifflichkeiten erklärt, die in der folgenden Ausarbeitung immer wieder vorkommen. Die Begriffe der Regelungstechnik sind dabei an die Anwendung der Frischwasserstation angepasst.

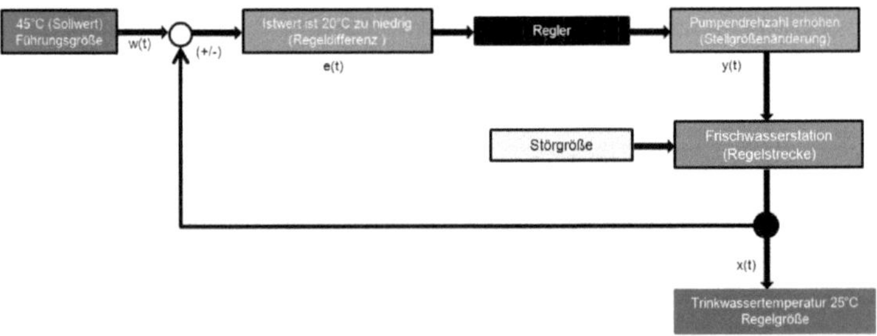

Abb. 1: Regelkreis Frischwasserstation

Regelkreis

Ein Regelkreis, siehe Abb. 1, stellt den geschlossenen Kreis für den Wirkungsablauf dar. Die Regelgröße wird dabei fortlaufend erfasst und die Differenz mit der Führungsgröße gebildet. Abhängig vom Ergebnis dieses Vergleichs wird eine Angleichung der Führungsgröße durch Einstellen der Stellgröße vorgenommen (vgl. Merz/Jaschek 2003: 20).

Regelstrecke

Die Regelstrecke ist „der Teil der Anlage, in dem die Regelgröße konstant zu halten ist und an dem die Stell- und Störgröße angreifen[…]" (Samal/Becker: 6).

Regelgröße

Die Regelgröße x ist der Istwert der Warmwassertemperatur, der auf die eingestellte Führungsgröße geregelt werden soll (vgl. Lutz/Wendt 2010: 22). Das Warmwasser kommt beim Kunden zur Nutzung, z. B. zum Duschen, an.

Führungsgröße

Die Führungsgröße legt den Sollwert für die Regelgröße fest
(vgl. Wellenreuther/Zastrow 1998: 455).

Digitale Regelung

Eine Regelung nimmt eine gezielte Beeinflussung des Istwertes der Stellgröße auf einen eingestellten Sollwert vor (vgl. Mann/ Schiffelgen/ Froriep 2005: 21).

Bei einem digitalen Regler, wie es der DeltaSol Fresh® ist, wird die Messgröße nur zu bestimmten Zeiten erfasst, weswegen die Information bis zum neuen Messpunkt beibehalten wird (vgl. Samal/ Becker 1996: 543).

Die Zeit zwischen zwei Messdatenerfassungen nennt man Abtastzeit (vgl. Lutz/Wendt 2010: 477). Beim DeltaSol Fresh® wird alle 400 ms abgefragt, was bedeutet, dass er alle 400 ms die Stellgröße anpassen kann.

Stellgröße

Die Stellgröße ist die über das Relais ausgegeben Drehzahl.

Stellgeschwindigkeit

Die Stellgeschwindigkeit ist die Geschwindigkeit, mit der sich die Stellgröße des Reglers verändert (vgl. Samal/ Becker 1996: 145).

Regeldifferenz

Die Regeldifferenz e, auch Regelabweichung genannt, ist die Differenz der Führungsgröße zur Regelgröße. Die dazugehörige Gleichung lautet:

$$e = w - x^1 \tag{1.1}$$

$$
\begin{array}{ll}
e & \text{Regeldifferenz} \\
w & \text{Führungsgröße} \\
x & \text{Regelgröße}
\end{array}
$$

Stelleinrichtung

Die Stelleinrichtung besteht aus dem Stellantrieb und dem Stellglied. Die Stelleinrichtung ist die Pumpe, der Stellantrieb der Pumpenmotor und das Stellglied das Flügelrad.

Störgröße

Die Störgröße z ist eine von außen einwirkende, nicht vorhersehbare Störung. (vgl. Wellenreuther/Zastrow 1998: 455). Sie kann vor oder hinter der Regelstecke wirken, kann aber nur vor der Strecke ausgeregelt werden.

Regelgüte

Die Regelgüte eines Regelkreis stellt das Maß der Abweichung zwischen Regelgröße x(t) und Führungsgröße w(t) dar (vgl. Tröster 2005: 268).

---

[1] Wellenreuther/ Zastrow: 454

2 Frischwasserstation

2.1 Funktionsweise

In Abb. 2 ist eine Frischwasserstation skizziert. Die Primär- und Sekundärseite sind durch den Wärmeübertrager (WÜ) voneinander getrennt.

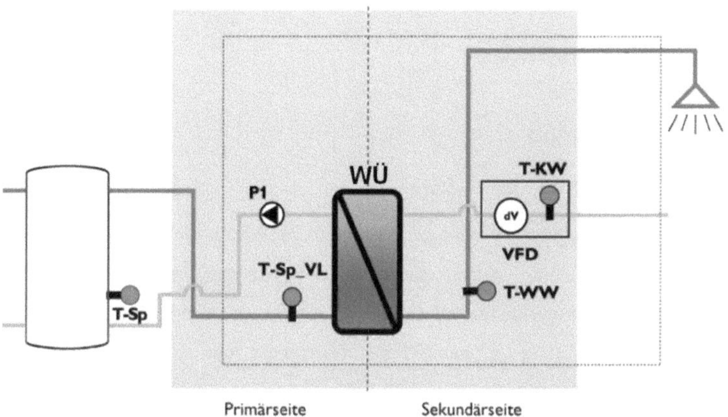

Abb. 2: Frischwasserstation (vgl. RESOL Montageanleitung Frischwasserstation)

Die Primärseite führt das heiße Wasser, welches das Nutzwasser auf der Sekundärseite erwärmt. Die Primärseite bekommt ihr heißes Wasser von einer externen Komponente, im Bild ist es ein Speicher, es kann aber auch ein Kessel oder ähnliches sein.

Die wichtigsten Komponenten der Frischwasserstation sind der Wärmeübertrager, der im aktuellen Testfall ein Plattenwärmeübertrager mit 30 Platten ist. In Abb. 3 ist erkennbar, dass der Plattenwärmeübertrager vier Anschlüsse besitzt, je zwei für die Primär- und zwei für die Sekundärseite. Beide Fluide, das heiße Wasser der externen Komponente sowie das kalte Nutzwasser, strömen getrennt durch die Platten des Wärmeübertragers. Der zweite Hauptsatz der Thermodynamik besagt, dass die Wärme immer vom höheren zum niedrigeren Temperaturniveau fließt (vgl. Polifke/ Kopitz 2005: 143). Bei der Frischwasserstation bedeutet das, dass durch die Platten die Wärme von der Primärseite an die Sekundärseite abgegeben wird. Das kalte Nutzwasser kommt idealerweise mit der Solltemperatur aus dem Wärmeübertrager und fließt zur Abnahmestation.

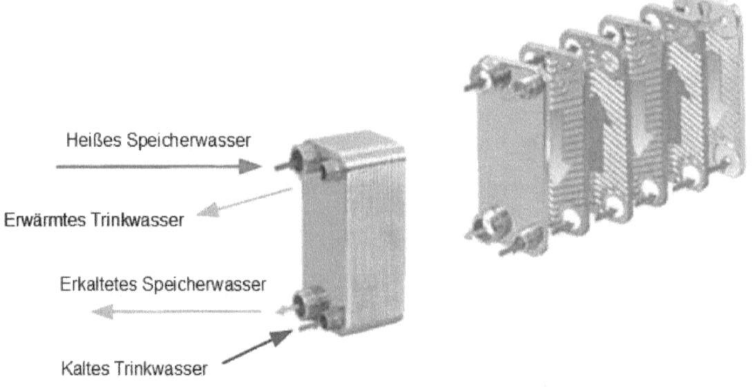

Abb. 3: Skizze eines Plattenwärmetauschers (vgl. Poel-Shop)

In der Frischwassertechnik wird der Wärmeübertrager im Gegenstromverfahren betrieben, was in Abb. 3 dargestellt ist. Es gibt noch das Gleichstromverfahren und das Kreuzstromverfahren, auf die hier aber nicht weiter eingegangen wird, da diese Verfahren nicht genug Wärme übertragen und deswegen für die Frischwassertechnik nicht in Frage kommen.

Wärmeübertrager gibt es mit verschiedener Plattenanzahl. Die Anzahl der Platten muss zur Auslegung der Anlage passen, damit ein bestmögliches Ergebnis erreicht werden kann.

Die nächste Komponente ist die Pumpe P1. Der Regler gibt die Stellgröße für die Pumpe aus, die damit den Volumenstrom des Speicherwassers dosiert.

Die dritte Komponente ist der Regler. Er misst im Abtastintervall die Regelgröße am T-WW-Sensor und bildet die Regeldifferenz. Auf Grundlage der Regeldifferenz berechnet er mit seinem PID-Regelalgorithmus die Stellgröße, die an die Pumpe weitergegeben wird. Mit dem VFD-Sensor werden der Durchfluss und die Kaltwassertemperatur T-KW gemessen.

Nur wenn der VFD-Sensor einen Durchfluss durch Duschen, Händewaschen etc. detektiert, wird die Pumpe P1 eingeschaltet und transportiert von der externen Komponente heißes Wasser zum Wärmeübertrager. Sobald kein Durchfluss mehr gemessen wird, schaltet der Regler die Pumpe ab.

Die Sensoren T-Sp_VL und T-KW sind optional für Messzwecke und haben auf die Frischwasserregelung keinen Einfluss.

2.2 Testaufbau und Vorbereitung

In Abb. 4 ist die DeltaSol Fresh® Frischwasserstation, für die die PID-Parameter der Regelung ermittelt wurden, zu sehen. Daneben in Abb. 5 ist der dazugehörige Frischwasserregler DeltaSol Fresh® mit seinem PID-Konfigurationsmenü abgebildet.

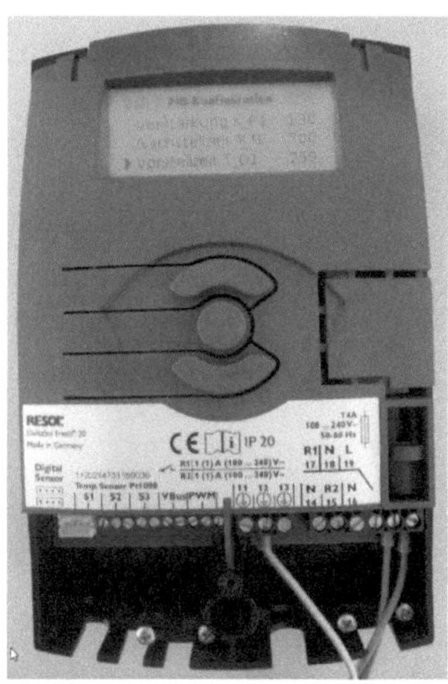

Abb. 4: Frischwasserstation   **Abb. 5:** Regler DeltaSol Fresh®

Die Sekundärseite der Station besteht aus der Rohrleitung für das kalte Nutzwasser (1), das in den Wärmeübertrager (2) fließt und dort erwärmt wird. Das erwärmte Nutzwasser fließt durch die Rohrleitung (3) zu den Abnahmestellen. In der Warmwasserrohrleitung (3) ist ein digitaler VFD Grundfos Direct Sensor™ (5) eingebaut, der Temperatur und Durchfluss misst und an den Regler zur Verarbeitung weitergibt. Der VFD-Sensor sitzt direkt hinter dem Wärmeübertrager, damit so wenige Störungen wie möglich die Temperatur beeinflussen.

An der Primärseite ist ein Speicher (nicht im Bild) mit heißem Wasser angeschlossen, von diesem fließt das Speicherwasser durch die Vorlaufleitung (6) in den Wärmeübertrager und durch die Rücklaufleitung (4) zurück zum Speicher zur erneuten Erhitzung. In die Rücklaufleitung ist die WILO Yonos Para 15/7.0 Pumpe (7) eingebaut.

In die Sekundärleitung ist ein 7-fach-Volumenstromverteiler eingebaut, siehe Abb. 6, bei dem jedes Ventil verschiedene Durchflüsse simuliert. Mit einer Siemens SPS werden die Ventile angesteuert und durch Zu- oder Abschalten der Gesamtdurchfluss verändert.

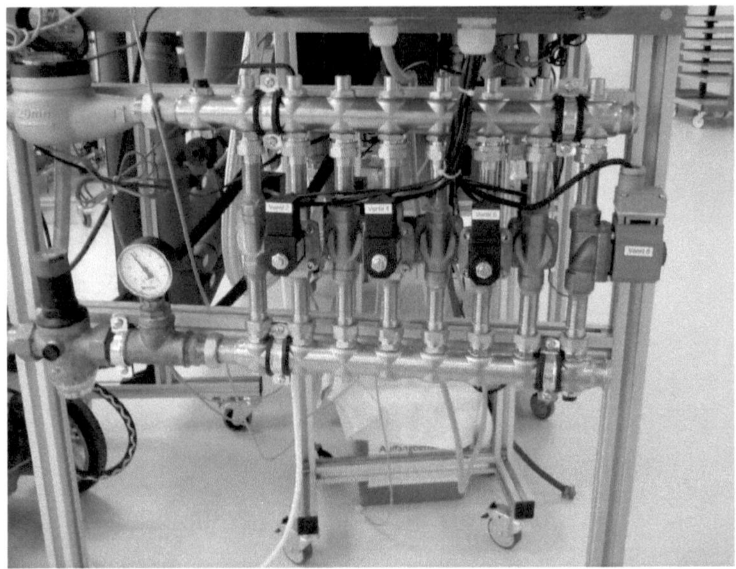

Abb. 6: 7-fach-Volumenstromverteiler

Für die Testvorbereitung wird der Speicher mit Hilfe eines externen Kessels auf eine vorgegebene Solltemperatur von 65°C erhitzt.

Zur Vergleichbarkeit der Ergebnisse sollte die Speichertemperatur konstant sein, was durch die Schichtung im Speicher nicht immer möglich ist. Das Kaltwasser hatte für den Testzeitraum eine nahezu konstante Temperatur von 10,5°C. Im PID-Menü des DeltaSol Fresh®, siehe Abb.5, wird der zu testende Parameter eingestellt.

Der Regler ist zusätzlich mit einem RESOL® Datenlogger DL2 verbunden, der die benötigten Werte zur späteren Auswertung aufzeichnet. Jeder Test zur Ermittlung der PID-Parameter läuft 3 min mit einem Volumenstrom von 7 l/min um vergleichbare Aussagen treffen zu können.

2.3 Theorie zur Testdurchführung

Der Test wird nach der empirischen Methode von (Schleicher 2006: 62) durchgeführt. Dabei wird die Führungsgröße auf 45 °C eingestellt, was dem werksseitigen Arbeitspunkt entspricht. Anschließend wird bei dem Regler der Proportionalbeiwert K_{PR}, auch Verstärkungsfaktor genannt, eingestellt. Laut Vorgabe der empirischen Methode wird zuerst ein kleiner K_{PR} eingestellt. $T_V = 0$ s und $T_N = \infty$.

Die Regelgröße sollte nach dem Einschwingen weit unter der Führungsgröße bleiben. Der K_{PR}-Wert wird solange erhöht, bis die Regelgröße nach maximal 2–3 bis drei Schwingungen einen stabilen Endwert mit bleibender Regelabweichung annimmt. Dann wird die Vorhaltzeit T_V des D-Anteils ermittelt. Der zuvor ermittelte Proportionalbeiwert bleibt aktiviert.

Begonnen wird mit einer kleinen Vorhaltzeit T_V. Diese wird solange erhöht, bis der Wert ermittelt ist, der, bei bleibender Regelabweichung den Endwert mit einer möglichst kleinen Schwingung erreicht. Sollte die Regelgröße während des Anfahrens an den Endwert die Stellgröße ein oder mehrmals auf 0% setzen, dann ist T_V zu groß eingestellt.

Zuletzt wird die Nachstellzeit T_N des I-Anteils ermittelt. Die beiden zuvor ermittelten P- und D-Anteile bleiben aktiviert. Dabei wird mit einem großen T_N begonnen, Faustregel ist $T_N = 4 * T_V$. Eine gute Nachstellzeit ist dann ermittelt, wenn die Regelgröße mit wenigen Schwingungen die Führungsgröße erreicht.

3 Praktische Durchführung

3.1 Erklärung P-Regler

Ein P-Regler ist ein Proportionalregler. Sein Name kommt daher, dass sich die Stellgröße proportional zur Regelgröße ändert. Der P-Regler reagiert schnell um eine Regeldifferenz auszugleichen, behält aber eine bleibende Regeldifferenz. Der P-Regler schaltet nur Ein- und Aus, wodurch er zum Überschwingen neigt, da er erst ausschaltet, wenn die Regelgröße die Führungsgröße überschreitet. Die Gleichung für die Stellgrößenberechnung eines P-Reglers lautet:

$$y\,(t) = K_{PR} * e(t)^2 \tag{Gl.3.1}$$

y Stellgröße
K_{PR} Proportionalitätsbeiwert des Reglers
t Zeit

In Abb. 7 ist der Verlauf eines realen P-Reglers zu sehen.

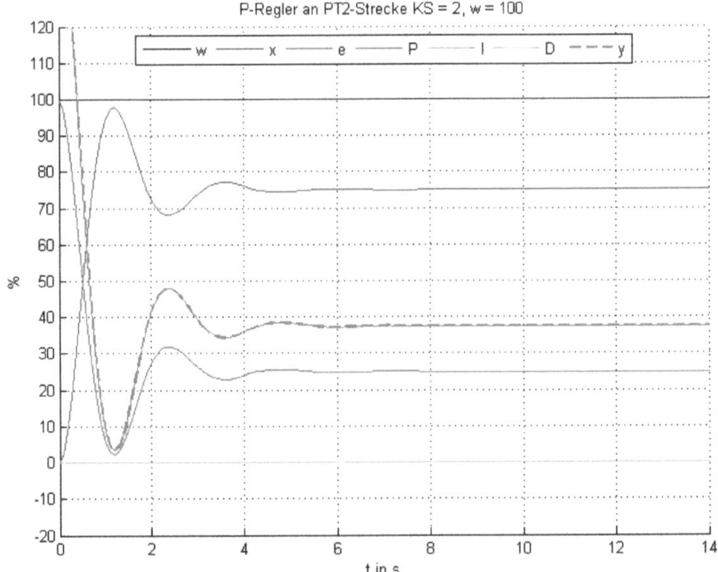

Abb. 7: P-Regler, simuliert mit MATLAB/Simulink

---

[2] vgl. Buro/ Lämmel/ Seide 2007: 48

Erkennbar ist die proportionale Änderung der Stellgröße bei Änderung der Regeldifferenz. Betrachten man den Zeitpunkt t=0 s, dann ist zu erkennen, dass die Regelgröße 0 und die Stellgröße einen Wert größer 100 % annimmt. Eine Stellgröße größer 100 % lässt die Regelgröße stark ansteigen. Nach etwa 5 s hat sich die Regelgröße auf einen Endwert mit Regelabweichung eingestellt. Da die Stellgröße nur durch den P-Anteil ausgegeben wird, sind der P-Anteil und die Stellgröße kongruent zueinander.

3.1.1 Ermittlung des Proportionalitätsbeiwerts K_{PR}

Nach Vorgabe wird mit einem kleinen K_{PR} von 0,1 % begonnen.

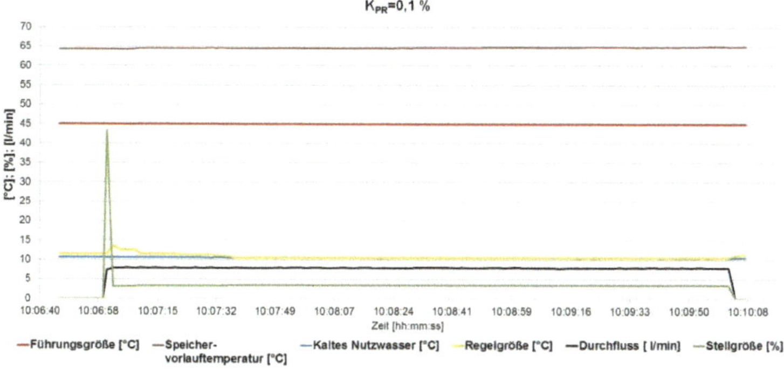

Abb. 8: P-Regler, simuliert mit MATLAB/Simulink $\frac{0,1\,\%}{K}$

Abb. 8 zeigt das dazugehörige Verlaufsdiagramm. Erkennbar ist, dass die Regelgröße fast keine Schwingungen aufweist, bis auf den Anfangsbereich, wo sie etwas ansteigt. Normalerweise sollte das ein gutes Ergebnis sein. Da die Regelgröße aber die gleiche Temperatur wie das Kaltwasser hat, wird mit der eingestellten Stellgröße zu wenig Speicherwasser zum Wärmeübertrager gefördert. Dadurch findet keine Übertragung statt, welche die Regelgröße erwärmen könnte. In Abb. 8 sieht man, dass die Drehzahl nur 4 % beträgt, was bedeutet, dass nur ein geringer Volumenstrom an heißem Wasser vom Speicher zum Wärmeübertrager gefördert wird. Nach (SAMSON AG:8) ist bei einem Proportionalitätsbeiwert unter $\frac{1\,\%}{K}$ keine Verstärkung sondern eine Abschwächung vorhanden. Das kann man anhand des Diagramms bestätigen und es erklärt auch, warum die Regelgröße nicht über die Kaltwassertemperatur hinaus ansteigt.

Deswegen kann der Wert $\frac{0{,}1\,\%}{K}$ und jeder weitere Wert unter $\frac{1\,\%}{K}$ nicht genutzt werde. Die kurze Spitze von 45 % ist die Anlaufdrehzahl, in dem Moment steigt die Regelgröße kurzzeitig um etwa 3 K auf 14 °C, fällt dann aber, wegen der zu geringen Drehzahl, auf die Kaltwassertemperatur zurück.

Nachdem ein K_{PR} von $\frac{0{,}1\,\%}{K}$ nicht genommen werden kann, wird in Abb. 9 gezeigt, wie der Verlauf bei einem K_{PR} von $\frac{5\,\%}{K}$ ist.

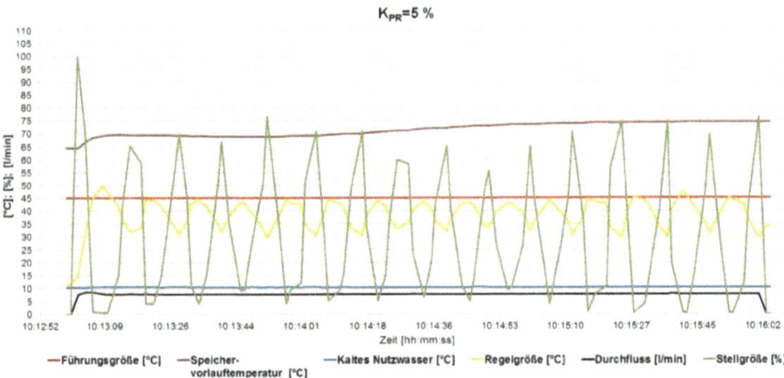

Abb. 9: Verlaufsdiagramm bei einem P-Anteil von $\frac{5\,\%}{K}$

Die Regelgröße weist ein Dauerschwingen auf, was kein gutes Ergebnis ist. Es sollen nur 2-3 Schwingungen auftreten, dann ist ein guter P-Wert ermittelt. Die Schwankungen betragen etwa 15 K, was zu hoch ist.

Die Ursache für das Schwingen und die damit verbundenen Temperaturabweichungen liegt darin begründet, dass durch die hohe Verstärkung die Stellgröße sehr groß eingestellt und das Stellglied mit einer hohen Drehzahl betrieben wird. Dadurch wird viel warmes Wasser aus dem Speicher durch den Wärmeübertrager gefördert, was eine schnelle Erwärmung der Regelgröße über die Führungsgröße verursacht. Nachdem die Regelgröße über die Führungsgröße gestiegen ist, wird die Stellgröße auf fast 0 % reduziert, wodurch wenig heißes Speicherwasser transportiert wird und sich die Regelgröße wieder verringert. Durch die extreme Reaktion der Pumpe wird es nicht möglich sein eine nahezu schwingungsfreie Regelgröße zu bekommen. Die Regelgröße bleibt zwar unter der Führungsgröße, was laut Vorgabe richtig ist, allerdings soll nach etwa 2-3 Vollschwingungen ein konstanter Endwert erreicht werden.

Nach mehreren weiteren Versuchen, die hier nicht weiter aufgeführt werden, da diese immer nach dem gleichen Schema abliefen, wurde ein P-Anteil von $\frac{1,3\,\%}{K}$ als bester Wert ermittelt.

In Abb. 10 sieht man den dazugehörigen Verlauf. Optimal wie nach Vorgabe ist der Wert nicht, allerdings ist erkennbar, dass die Schwingungen nicht so stark ausgeprägt sind, was in dem ruhigeren Verlauf des Stellglieds begründet liegt. Die Temperaturschwankungen betragen 5 K, was akzeptabel ist. Die empirische Methode ist für ein ideales System, das es in der Praxis nicht gibt, deswegen muss man abwägen, ob ein Ergebnis in Ordnung ist, obwohl es nach der empirischen Methode nicht passt.

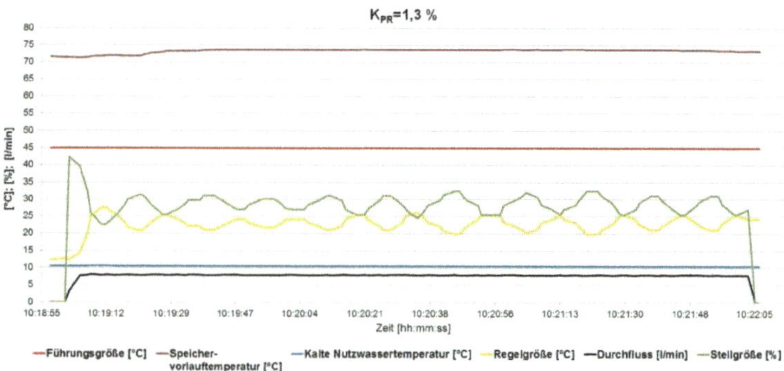

Abb. 10: Verlaufsdiagramm bei einem P-Anteil von $\frac{5\,\%}{K}$

3.2 D-Regler

Ein D-Regler wirkt differenzierend. Einen alleinigen D-Regler gibt es nicht, da der D-Anteil nur auf die Änderung der Regeldifferenz, nicht aber auf die Regeldifferenz selbst reagiert. Deswegen muss der D-Anteil immer mit einem P-, I- oder PI-Anteil kombiniert werden (vgl. Merz/ Jaschek 2003:125).

Die Formel für ein reines D-Verhalten lautet:

$$x_a = T_D * \frac{dx_e}{dt} = T_D * \dot{x}_e{}^3 \qquad\qquad (\text{Gl.3.2})$$

$\quad x_a$ Ausgangsgröße
$\quad T_D$ Zeitkonstante eines D-Glieds
$\quad x_e$ Eingangsgröße

---

[3] vgl. Lämmel 2007: 48

3.2.1 Erklärung PD-Regler

In der Literatur gibt es Beispiele, in denen auf die Änderung der Regeldifferenz oder nur auf die Änderung der Regelgröße reagiert wird. Auf die Änderung der Regelgröße wird eingegangen, wenn sich der Sollwert verändert, was ein sprunghaftes Verhalten des D-Anteils verursacht. In unserem Fall aber bleibt der Sollwert konstant, deswegen wird im Weiteren auf die Änderung der Regeldifferenz eingegangen.

Da bei der Parameterermittlung der D-Anteil nach dem P-Anteil zugeschaltet wird, wird im Weiteren der PD-Regler erklärt.

Die Stellgröße eines PD-Reglers berechnet sich nach

$$y = K_{PR} * [e + T_V * \dot{e}]^4 \qquad\qquad\qquad \text{(Gl.3.3)}$$

$\quad T_V \qquad$ Vorhaltzeit

Der D-Anteil beim PD-Regler reagiert auf die Änderung der Regeldifferenz und wirkt dieser Änderungsrichtung der Regelgröße entgegen (vgl. Schleicher 2006: 46). Dadurch werden Schwingungen und Schwingungsneigungen gedämpft (vgl. SB4: 49).

Bildlich kann man sich die Vorhaltzeit als einen „Blick in die Zukunft" vorstellen. Versucht man auf eine Tontaube zu schießen, dann muss man auf einen virtuellen Punkt vor der Tontaube schießen, um diese zu treffen (vgl. Schuhmacher/Leonhard: 77).

---

[4] Zacher 2007: 254

In Abb.11 kann man die dämpfende Wirkung des D-Anteils erkennen.

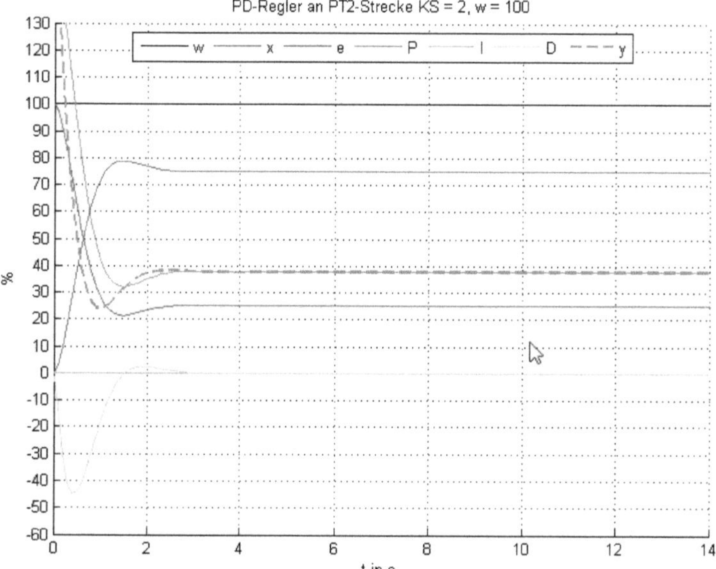

Abb. 11: PD-Regler, Simulation mit MATLAB/ Simulink

War es bei Abb. 7 für den P-Regler noch so, dass die Regelgröße einen Wert von etwa 95 °C erreicht hat, steigt die Regelgröße beim PD-Regler unter sonst gleichen Bedingungen wie in Abb. 7 nur noch auf etwa 80 °C. Die Stellgröße berechnet sich durch Addition von P- und D-Anteil. Im Bereich bis etwa t=2 s ist der D-Anteil negativ, wodurch die Stellgröße geringer ausgegeben wird als beim P-Regler. Das ist die erwähnte Dämpfung, die Regelgröße steigt sanfter an, während er den Endwert ansteuert.

An dem Vergleich der Stellgröße mit dem P- und D-Anteil kann man erkennen, welcher Anteil auf die Stellgröße einwirkt. Bis zum Zeitpunkt t=3 s wirken der P-und D-Anteil auf die Stellgröße, ab t=3 s wirkt nur noch der P-Anteil da dieser kongruent zur Stellgröße ist.

3.2.3 Ermittlung der Vorhaltzeit T_V

Um den D-Anteil zu ermitteln, bleibt der zuvor als praktikabel angesehene K_{PR} von $\frac{1,3\%}{K}$ eingestellt und der D-Anteil wird zugeschaltet. Begonnen wird mit einer Vorhaltzeit von $T_V = 1$ s

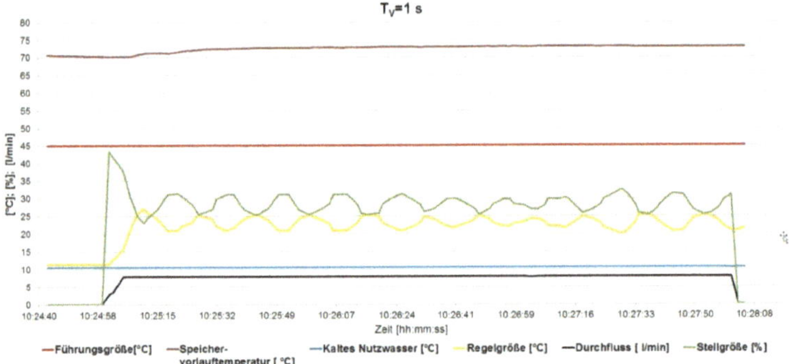

Abb. 12: D-Anteil 1 s

In Abb. 12 ist keine Änderung der Stellgröße und der Regelgröße gegenüber dem P-Regler aus Abb. 10 erkennbar. Da die Vorhaltzeit von 1 s keine Änderung bewirkt, wird sie auf 5 s geändert. In Abb. 13 ist dazu der Verlauf zu sehen.

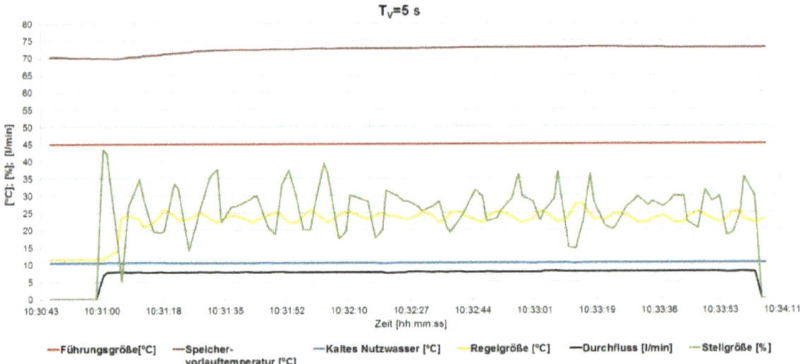

Abb. 13: Verlaufsdiagramm D-Anteil 5 s

Mit einem T_V von 5 s sind Veränderungen der Stellgröße sowie der Regelgröße erkennbar. Die Stellgröße wird etwa 4 % höher ausgegeben als beim P-Regler aus Abb. 10. Die Regelgröße sinkt nicht so weit, was in der Dämpfung durch den

D-Anteil begründet liegt. Nachteilig sind die Spitzen der Stellgröße, die durch den digitalen Regler entstehen. Um diese Spitzen zu reduzieren, müsste die Dämpfung des D-Anteils mittels eines Software-Tiefpasses umgesetzt werden.

Es wird nach einem Wert gesucht, mit dem der digitale Regler weniger Spitzen ausgibt.

Da eine Vorhaltzeit von 1 s zu gering ist und keine Wirkung zeigt wird bei einem T_V=5 s eine zu starke Reaktion der Pumpe hervorgerufen, sucht man nach einem Wert zwischen 1 s und 5 s. Nach einigen Versuchen wurde ein T_V=2,5 s als gut angesehen. In Abb. 14 ist das Verlaufsdiagramm dazu zu sehen.

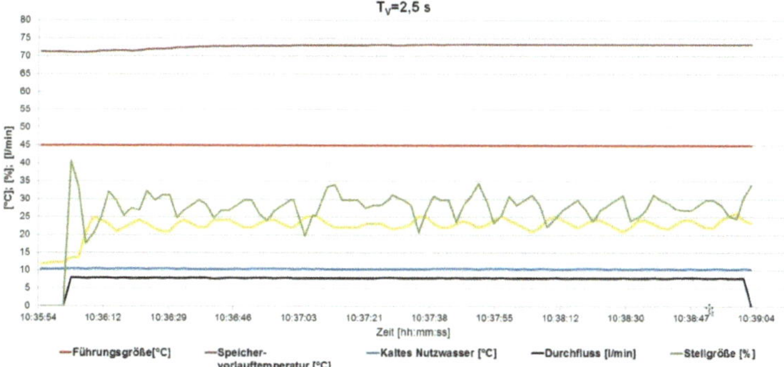

Abb. 14: Verlaufsdiagramm Tv 2,5 s

Wie schon beim T_V von 5 s schwankt die Regelgröße um etwa 5 K. Es ist aber erkennbar, dass die Stellgröße nicht mehr so große Spitzen aufweist und damit eine positive Auswirkung auf die Regelgröße hat, da diese einen ruhigeren Verlauf zeigt. Die Vorhaltzeit von 2,5 s wird für die weiteren Versuche genommen.

3.3 PID-Regler

3.3.1 Erklärung I-Regler

Beim I-Regler handelt es sich um einen Integralregler bei dem die Stellgeschwindigkeit der Regeldifferenz proportional ist (vgl. Samal/ Becker 1996: 154). Der I-Regler ist der einzige Regler der eine Regeldifferenz komplett ausregeln kann. Mathematisch gesehen bildet der I-Regler die Flächen, welche von Regelabweichung und der Zeitachse über die Zeit eingeschlossen werden (Schleicher 2006: 40).

Für die Berechnung der Stellgrößenänderung die auf eine Stellgröße zu einem vorherigen Zeitpunkt aufaddiert wird, gilt folgende Gleichung:

$$\Delta y = \frac{1}{T_I} * \Delta e * t + y_{t0}{}^5 \tag{3.4}$$

$\quad T_I \qquad$ Integrierzeit

Möchte man den absoluten Wert der Stellgröße berechnen, wird die summierte Regeldifferenz benötigt. Da gilt die Gleichung:

$$y = \frac{1}{T_I} * \int_{t_0}^{t} e * dt + y_{t_0}{}^6 \tag{3.5}$$

In Abb. 15 ist der Verlauf einen I-Reglers dargestellt.

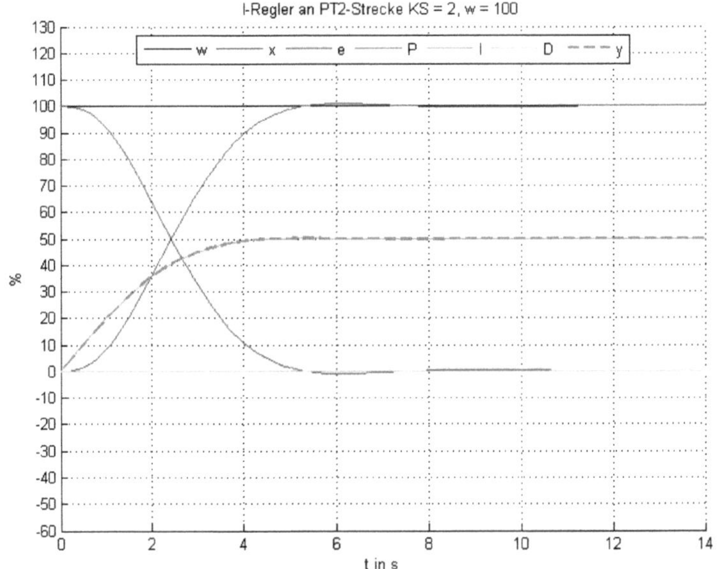

Abb. 15: I-Regler mit TI 2 s und 4 s simuliert mit MATLAB

---

[5] Schleicher 2006: 41

[6] Schleicher 2006 : 41

Zum Startzeitpunkt t=0 s beginnt die Stellgröße anzusteigen. Dadurch steigt die Regelgröße an bis sie nach etwa 6 s die Führungsgröße erreicht hat. Ab diesem Zeitpunkt bleibt die Stellgröße konstant, um die Regelgröße auf dem Wert der Führungsgröße zu halten. I-Anteil und Stellgröße sind kongruent zueinander.

3.3.2 PI-Regler

Nach (Lutz/Wendt 2010: 41) ist die Nachstellzeit T_N die Zeit „[…]die ein I-Regler ohne P-Anteil braucht, um dieselbe Stellgröße zu erzeugen wie ein PI-Regler zum Zeitpunkt t=0 s, wenn eine Sprungfunktion aufgeschaltet wird."

In Abb. 16 wird die Funktion des I-Anteils bei einem PI-Regler dargestellt.

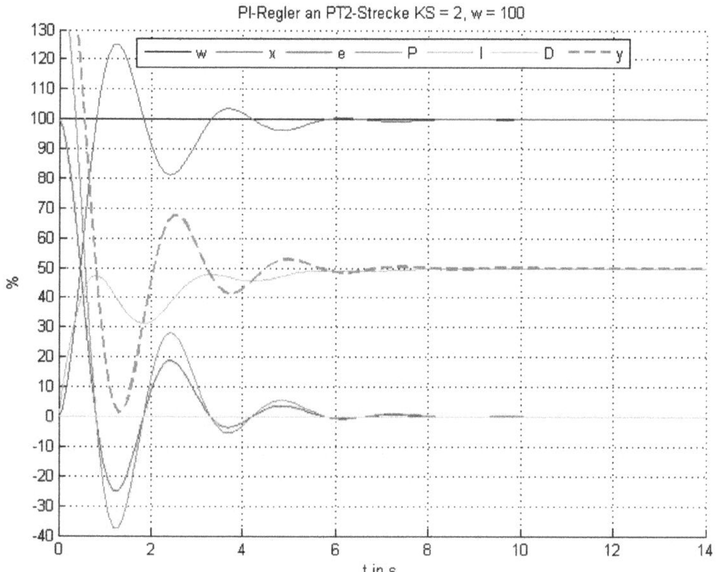

Abb. 16: PI-Regler simuliert mit MATLAB

Es ist eine große Regeldifferenz vorhanden und die Stellgröße hat einen Wert über 100 % angenommen. Die Stellgröße wird durch Addition von P- und I-Anteil berechnet. Vergleicht man Abb. 16 mit Abb.7, dann erkennt man, welche Auswirkung der I-Anteil auf die Stellgröße hat. Die Regelgröße steigt wegen der hohen Stellgröße stark bis über die Führungsgröße an. Der I-Anteil ergibt sich aus der Integration der Regeldifferenz. Bei einem P-Regler würde die Stellgröße mit

0 % ausgegeben werden, wenn keine Regeldifferenz mehr vorhanden ist, was ab t=8 s zu erkennen ist. Ab diesem Zeitpunkt übernimmt der I-Anteil alleine die Ausgabe der Stellgröße, um die Regelgröße auf der Führungsgröße zu halten. Die Stellgröße ist dann kongruent zum I-Anteil.

3.3.3 PID-Regler

Der PID-Regler verbindet die günstigen Eigenschaften des P-, I- und D-Anteils, nämlich das gute Zeitverhalten durch den P-Anteil, das Ausgleichen der Regeldifferenz durch den I-Anteil sowie das dämpfende Verhalten des D-Anteils. Die Gleichung zur Berechnung der Stellgröße lautet:

$$y = K_{PR}(e + \frac{1}{T_N} \int edt + T_V \dot{e})^7 \qquad \text{(Gl. 3.6)}$$

$\quad T_N \qquad$ Nachstellzeit

In Abb. 17 ist das Verlaufsdiagramm eines PID-Reglers dargestellt.

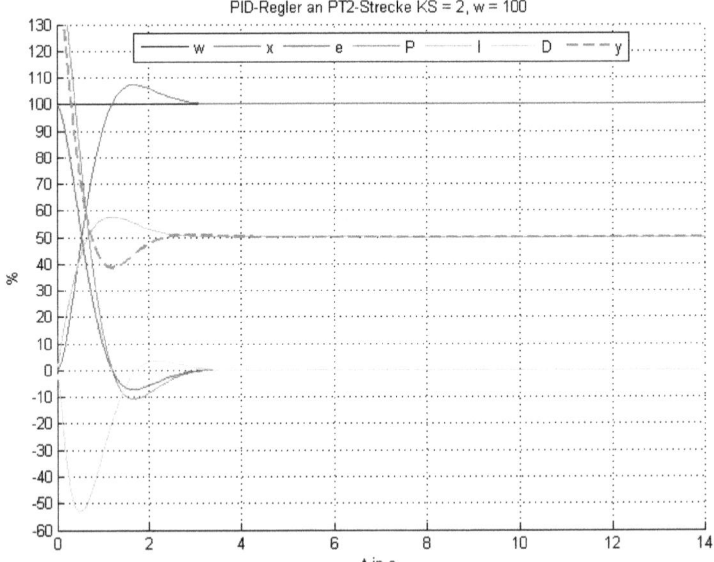

Abb. 17: PID-Regler

---

[7] Zacher 2007: 256

Während der Änderung der Regeldifferenz greift der D-Anteil zusätzlich zum P- und I-Anteil ein. Die Stellgröße erhält man durch Addition des P-, I- und D-Anteils. In Abb. 17 kann man gut sehen, welche Anteile aktiv sind.

Bis zum Zeitpunkt t=3 s sind alle 3 Anteile, an der Stellgrößenberechnung beteiligt und danach nur noch der I-Anteil was durch die Kongruenz der Stellgröße zum I-Anteil zu sehen ist. Der D-Anteil ist inaktiv, da es keine Änderung der Regeldifferenz mehr gibt und der P-Anteil ist inaktiv, da es keine Regeldifferenz mehr gibt.

3.3.4 Ermittlung der Nachstellzeit T_N

Nachdem der P- und D-Anteil ermittelt wurden, wird zuletzt der I-Anteil für den PID-Regler gesucht. Die ermittelten K_{PR}- und T_V-Werte bleiben eingestellt.
Begonnen wird mit einer hohen Nachstellzeit T_N von 50 s. In Abb. 18 sieht man den dazugehörigen Verlauf.

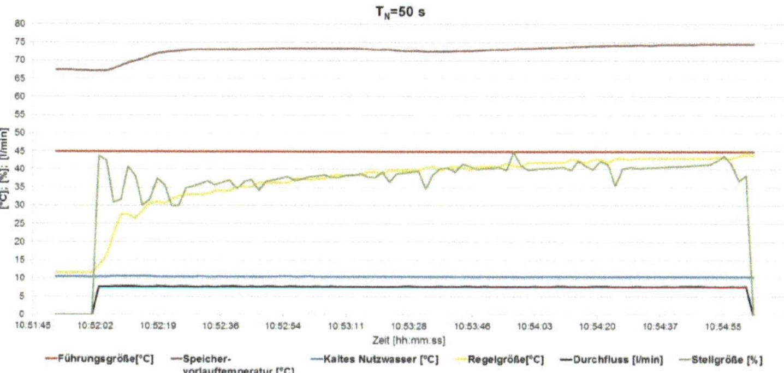

Abb. 18: Nachstellzeit 50 s

Zu erkennen ist, dass die Regelgröße nur langsam steigt und nicht ganz die Führungsgröße erreicht. Der I-Wert ist zu groß, was dazu führt, dass es fast 2 Minuten dauert bis nahezu die Führungsgröße erreicht wird. Diese hohe Nachstellzeit verhindert zwar ein Überschwingen, allerdings sind fast 2 min bis zum Erreichen der Führungsgröße für einen Kunden inakzeptabel.

Da diese Nachstellzeit den Regler zu träge macht, wird jetzt eine Nachstellzeit von 1 s eingestellt, deren Verlauf in Abb. 19 zu sehen ist.

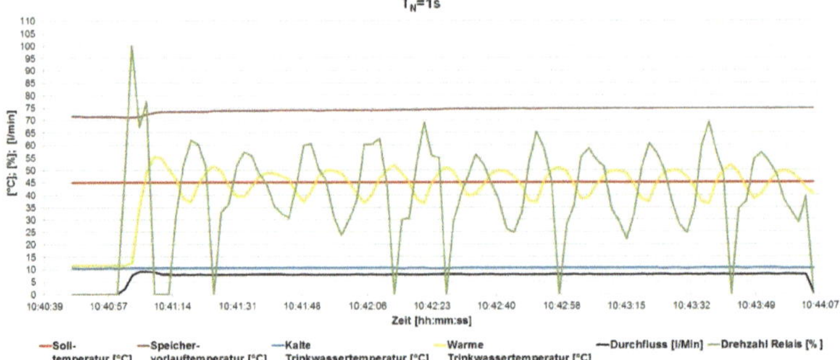

Abb. 19: Nachstellzeit 1 s

Mit einer Nachstellzeit von 1 s ist die Stellgröße sehr groß und die Regelgröße steigt innerhalb von 4 s auf die Führungsgröße. Aufgrund der hohen Stellgröße fließt viel Speicherwasser durch den Wärmeübertrager, das die Regelgröße schnell ansteigen lässt und diese zum Schwingen bringt. Die Temperaturschwankung der Regelgröße von etwa 15 K ist für einen guten Regler zu viel. Die eingestellte Nachstellzeit T_N von 1 s ist somit nicht nutzbar. Nach weiteren Versuchen wurde eine Nachstellzeit T_N von 7 s als praktikabel angesehen.

In Abb. 20 sieht man den Verlauf dazu.

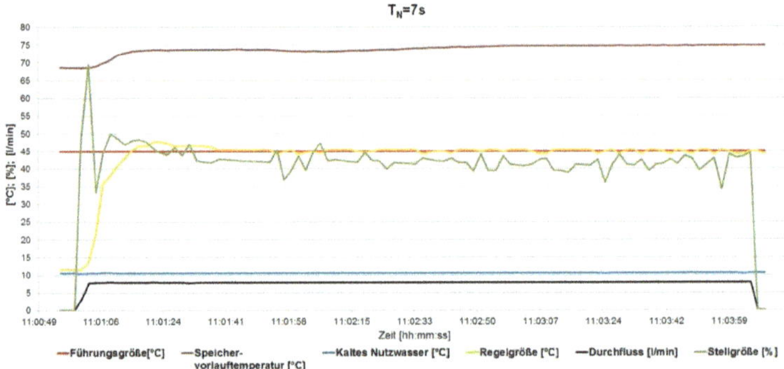

Abb. 20: I-Anteil 7 s

Vergleicht man Abb. 20 mit Abb. 19 ist der ruhigere Verlauf der Stellgröße und der Regelgröße in Abb. 20 deutlich erkennbar. Die positiven Auswirkungen des ruhigen Verlaufs sind darin erkennbar, dass die Regelgröße fast stabil den Wert auf der Führungsgröße hält. Die benötigte Zeit von 15 s bis zum Erreichen der

Führungsgröße und der nahezu stabile Verlauf der Regelgröße sind ein sehr gutes Ergebnis.

3.3.5 Simulation

Die ermittelten Anteile, die als gut angesehen wurden, werden jetzt in einer praxisnahen Simulation getestet. Diese Simulation stellt einen normalen Tag mit Benutzung der Dusche, Handwaschbecken, Kombinationen davon und Ruhepausen kompakt in etwa 45 Minuten nach. Dafür wird der Volumenstromverteiler aus Abb. 6 benutzt, der durch eine Siemens S7 SPS geschaltet wird, die mit zwei verschiedenen Zapfprofilen programmiert ist.

In Abb. 21 undAbb. 22 sieht man den Temperaturverlauf der beiden Zapfprofile.

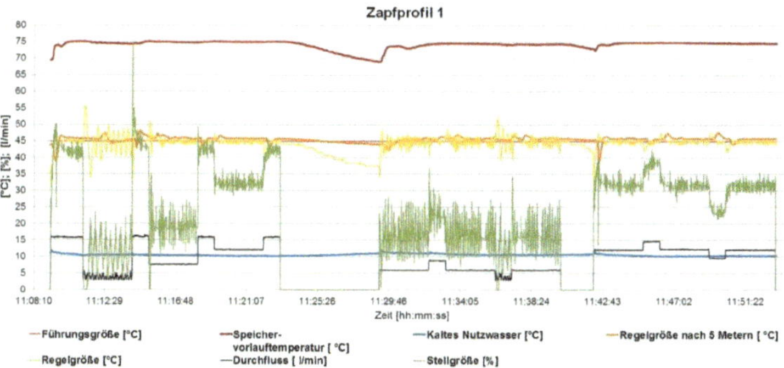

Abb. 21: Zapfprofil 1

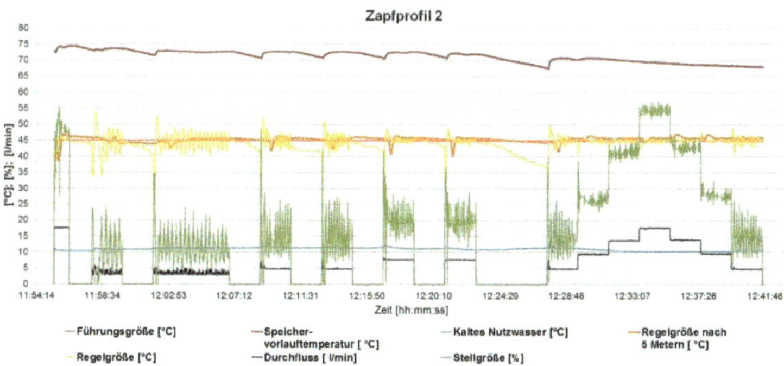

Abb. 22: Zapfprofil 2

Bei beiden Zapfprofilen ist zu erkennen, dass die Regelgröße nahe an der Führungsgröße bleibt. Ein weiterer Sensor ist nach 5 m angebracht, was einer

Entfernung entspricht, wie sie auch beim Kunden vorzufinden ist. Es ist nämlich höchst unwahrscheinlich, dass sich die Abnahmestationen beim Kunden direkt hinter der Frischwasserstation befinden. Schaut man sich diesen Sensor an, dann ist erkennbar, dass die Regelgröße dieses Sensors noch bessere Werte aufweist als die Regelgröße kurz hinter dem Wärmeübertrager. Das liegt daran, dass die längere Rohrleitung Einfluss auf die Regelgröße nimmt und die Temperatur glättet. Nur bei den Übergängen von Ruhezustand zur Zapfung fällt die Temperatur kurzzeitig ab, weil zuerst das abkühlte Wasser, das im Ruhezustand in der Rohrleitung zurückgeblieben ist, auf den Sensor trifft.

3.4 Zusammenfassung

Zusammenfassend kann man sagen, dass ein P-Regler schnell ist, aber eine bleibende Regelabweichung behält.

Der D-Anteil kann nie alleine stehen sondern nur in Kombination mit einem P-, I- oder PI-Anteil. Der D-Anteil dämpft die Regelgröße, so dass diese sanfter reagiert und Schwankungen verringert. Allerdings reagiert er sehr stark auf Differenzänderungen.

Der I-Regler kann eine Regeldifferenz komplett ausregeln, was der P- oder PD-Regler nicht kann. Allerdings ist der I-Regler langsam.

Der PID-Regler verbindet alle drei Teile und nutzt, bei richtiger Einstellung, die positiven Eigenschaften der einzelnen Anteile.

4 Kritische Betrachtung des Versuchs

Der Versuch kann sehr langwierig werden, wenn man keinen Wert findet, der für geeignet erachtet wird. Die Erfahrung spielt eine große Rolle, um beurteilen zu können, ob der ermittelte Wert benutzt werden kann oder nicht. So einfach wie es in der Theorie dargestellt wird, ist es in der Praxis nicht. Wenn der Test zum ersten Mal ohne Vorwissen durchführt wird, kann es sein, dass der Test nicht zum erfolgreichen Abschluss kommt, da schon der P-Anteil, der nur

2-3 Schwingungen verursachen soll, nicht ermittelt werden kann. Die empirische Methode ist für einen idealen Zustand, der bei einer realen Station nicht gegeben ist. Bei den Messungen fließen Störfaktoren ein, die man bei der empirischen Methode nicht beachtet. Es kann zum Beispiel sein, dass die Rohre vom Speicher zum Wärmetauscher nicht richtig entlüftet sind oder Verunreinigungen in der Anlage sind. Dann bestimmt man für den aktuellen Zustand die PID-Werte, allerdings können sie dann bei einer gut entlüfteten Anlage nicht optimal sein.

Die empirische Methode ist eine Möglichkeit die PID-Werte zu ermitteln, allerdings ist es nicht die Beste.

5 Ausblick

5.1 Ziegler und Nichols

Ziegler-Nichols stellen zwei Verfahren zur Ermittlung von Werten vor. Bei einem Verfahren sind die Regelstreckenparameter bekannt und bei dem anderen sind sie unbekannt. Da sie bei RESOL für die DeltaSol Fresh® Frischwasserstation unbekannt sind, wird nur auf die Ermittlung mit unbekannten Regelstreckenparametern eingegangen. Bei diesem Verfahren wird der P-Anteil solange erhöht, bis die Regelgröße bei eingeleiteter Führungsgrößenänderung eine Dauerschwingung ausführt (vgl. Tröster 2005: 323). Ist der P-Wert ermittelt, kann man die anderen Werte nach Tabelle 1 berechnen.

Regler	K_{PR}	T_N	T_V
P	$0{,}50 * K_{PR\text{-}kritisch}$	-	-
PI	$0{,}45 * K_{PR\text{-}kritisch}$	$0{,}83 * T_{kritisch}$	-
PID	$0{,}60 * K_{PR\text{-}kritisch}$	$0{,}50 * T_{kritisch}$	$0{,}125 * T_{kritisch}$

Tabelle 15.1: Einstellregeln nach Ziegler und Nichols für unbekannte Regelstreckenparameter (vgl. Tröster 2005: 323)

5.2 Chien, Hrones und Reswick

Des Weiteren gibt es noch das Verfahren nach Chien, Hrones und Reswick.

Im Gegensatz zu Ziegler und Nichols, die stark verzögerte Regelstrecken mit einem aperiodischen Übergangsverhalten voraussetzten, kann man mit Chien, Hrones und Reswick zusätzlich Strecken mit überschwingendem Übergangsverhalten betrachten und für diese Strecken die PID-Parameter empirisch ermitteln. Durch die Vielfalt der Parametereinstellungen nach Chien, Hrones und Reswick kann man eine bessere Regelgüte erhalten als es mit Ziegler und Nichols möglich ist. Bei Ziegler und Nichols sind meistens stärkere Überschwingweiten zu beobachten (vgl. Tröster 2005: 323ff).

Die Methode nach Chien, Hrones und Reswick ist aber nur bei bekannter Regelstrecke anwendbar. Die Einstellregeln sind in Tabelle 2 aufgeführt.

	Regler	Aperiodisches Übergangsverhalten			Schwingendes Übergangsverhalten (bei 20 % Überschwingweite)		
		K_{PR}	T_N	T_V	K_{PR}	T_N	T_V
Führung	P	$0{,}3 * \dfrac{T_g}{K_{PS} * T_u}$	-	-	$0{,}7 * \dfrac{T_g}{K_{PS} * T_u}$	-	-
	PI	$0{,}35 * \dfrac{T_g}{K_{PS} * T_u}$	$1{,}2 * T_g$	-	$0{,}6 * \dfrac{T_g}{K_{PS} * T_u}$	T_g	-
	PID	$0{,}6 * \dfrac{T_g}{K_{PS} * T_u}$	T_g	$0{,}5 * T_u$	$0{,}95 * \dfrac{T_g}{K_{PS} * T_u}$	$1{,}35 * T_g$	$0{,}47 * T_u$
Störung	P	$0{,}3 * \dfrac{T_g}{K_{PS} * T_u}$	-	-	$0{,}7 * \dfrac{T_g}{K_{PS} * T_u}$	-	-
	PI	$0{,}6 * \dfrac{T_g}{K_{PS} * T_u}$	$4 * T_u$	-	$0{,}7 * \dfrac{T_g}{K_{PS} * T_u}$	$2{,}3 * T_u$	-
	PID	$0{,}95 * \dfrac{T_g}{K_{PS} * T_u}$	$2{,}4 * T_u$	$0{,}42 * T_u$	$1{,}2 * \dfrac{T_g}{K_{PS} * T_u}$	$2 * T_u$	$0{,}42 * T_u$

Tabelle 5.2: Einstellregeln nach Chien, Hrones und Reswick (vgl. Tröster 2005: 324)

5.3 MATLAB

Als weitere Möglichkeit zur Ermittlung von Regelungswerten kann man MATLAB benutzen. Diese Software berechnet die benötigten Werte selbstständig. Da diese Software in der Anschaffung sehr teuer ist, macht sie nur Sinn, wenn man sie optimal nutzen kann. In der Firma muss ein Spezialist sein, der sich mit diesem Programm auskennt, da die mathematische Modellerstellung durch den Anwender durchgeführt wird. Die Daten für die mathematische Modellerstellung bekommt man, indem man die Komponenten der Anlage definiert und abmisst. Je mehr die Daten der realen Station entsprechen, desto genauer werden die Parameter durch MATLAB berechnet.

Es gilt daher bei der Anschaffung so einer Software zu überlegen, ob sich die fixen Anschaffungskosten der Software und die variablen Kosten durch die benötigten Messungen für die mathematische Modellerstellung amortisieren und eine besseres Ergebnis liefern können als die empirische Methode.

Quellenverzeichnis

Kopitz, J.; Polifke, W. (2005): Wärmeübertragung - Grundlagen, analytische und numerische Methoden. 1. München: Pearson.

Lutz, H.; Wendt, W. (2010): Taschenbuch der Regelungstechnik. 8., ergänzte Auflage, Frankfurt am Main: Deutsch-Verlag.

Schleicher, M. (2006): Regelungstechnik für den Praktiker. 1. Fulda: JUMO.

Schröder, D. (2010): Intelligente Verfahren - Identifikation und Regelung nichtlinearer Systeme. Heidelberg: Springer.

Froriep, R.; Mann, H.; Schiffelgen, H. (2005): Einführung in die Regelungstechnik – Analoge und digitale Regelung, Fuzzy-Regler, Regler-Realisierung, Software. 7., neue, bearbeitete Auflage, München: Hanser.

Tröster, F. (2005): Steuerungs- und Regelungstechnik für Ingenieure. 2., überarbeitete und erweiterte Auflage, München [u. a.]: Oldenbourg

Samal, E. ; Becker, W. (1996): Grundriß der praktischen Regelungstechnik. 19., überarbeitete und aktualisierte Auflage, München [u.a.]: Oldenbourg

Buro, N.; Lämmel, G. Seide, W. (2007): Automatisierungstechnik. Studienbrief 5: Regelungstechnik 2. Studienbrief der Hamburger Fern-Hochschule.

Merz, L.; Jaschek, H. (2003): Grundkurs Regelungstechnik – Einführung in die praktischen und theoretischen Methoden. 14., korrigierte Auflage, München [u. a.]: Oldenbourg.

Wellenreuther, G.; Zastrow, D. (1998): Steuerungstechnik mit SPS. 5., überarbeitete und erweiterte Auflage, Braunschweig/Wiesbaden: Vieweg.

Böge, W. (Hrsg.); Plaßmann, W. (Hrsg.) (2007): Handbuch der Elektrotechnik – Grundlagen und Anwendungen für Elektrotechniker. 4., überarbeitete Auflage, Wiesbaden: Vieweg.

Lämmel, G. (2007): Automatisierungstechnik. Studienbrief 4: Regelungstechnik 1. Studienbrief der Hamburger Fern-Hochschule.

Sandner, W. (2007):): Automatisierungstechnik. Studienbrief 1: Grundlagen. Studienbrief der Hamburger Fern-Hochschule.

Fay, A.; Sandner (2007):): Automatisierungstechnik. Studienbrief 3: Steuern, Messen, Stellen. Studienbrief der Hamburger Fern-Hochschule.

Zacher, S. (2007): Übungsbuch Regelungstechnik – Klassische, modell- und wissensbasierte Verfahren. 3., überarbeitete und erweiterte Auflage, Wiesbaden: Vieweg.

Internetquellen

SAMSON AG (2012): Regler und Regelstrecken. Teil 1. Grundlagen.
 URL: http://www.samson.de/pdf_de/l102de.pdf [Stand: 14.12.2013].

Schuhmacher, W.; Leonhard. (2003): Grundlagen der Regelungstechnik.
 Vorlesungsskript der Technischen Universität Braunschweig. Institut für
 Regelungstechnik URL: http://www.fzt.haw-
 hamburg.de/pers/Scholz/materialFM2/Skript_GdR.pdf [Stand: 12.12.2013].

POEL-Shop: Wärmetauscher
 URL: http://www.poel-shop.de/images/gallery/Hrale/funktion.jpg.
 [Stand 15.12.2013].

Landesamt für Natur, Umwelt und Verbraucherschutz Nordrhein-Westfalen
 URL: http://www.lanuv.nrw.de/wasser/versorger/legionellen2.htm
 [Stand: 15.12.2013]

Firmenschriften
RESOL – Elektronische Regelungen GmbH – Montageanleitung
Frischwasserregler